MÉMOIRE

SUR LES

PROPRIÉTÉS PHYSIQUES, CHIMIQUES ET MÉDICALES

DES EAUX

THERMO-MINÉRALES HYDROSULFUREUSES

DE

FONCHANGE

(GARD);

Par Louis MONTANARI,

Docteur en Médecine et en Chirurgie de la Faculté de Montpellier ; Ex-Médecin
de l'hospice de Quissac ; Ex-Médecin vaccinateur du canton de Quissac ;
Membre correspondant du Comité d'hygiène publique du département
du Gard ; Membre du Cercle médical du Vigan ; Breveté de Sa Majesté
le Roi de Piémont, etc.

MONTPELLIER.

IMPRIMERIE DE BOEHM, PLACE CROIX—DE—FER.

1853.

MÉMOIRE

SUR LES

PROPRIÉTÉS PHYSIQUES, CHIMIQUES ET MÉDICALES

DES EAUX

THERMO-MINÉRALES HYDROSULFUREUSES

DE

FONCHANGE

(GARD);

Par Louis MONTANARI,

Docteur en Médecine et en Chirurgie de la Faculté de Montpellier; Ex-Médecin de l'hospice de Quissac; Ex-Médecin vaccinateur du canton de Quissac; Membre correspondant du Comité d'hygiène publique du département du Gard; Membre du Cercle médical du Vigan; Breveté de Sa Majesté le Roi de Piémont, etc.

MONTPELLIER.

IMPRIMERIE DE BOEHM, PLACE CROIX-DE-FER.

1853.

A M. Eugène JAC,

Chevalier de la Légion d'Honneur,

Membre du Conseil-Général du Gard, Maire de Quissac,

et Membre de plusieurs Sociétés agricoles.

Si la reconnaissance est une des premières qualités de l'esprit humain, la mienne n'a jamais failli par rapport à vous : il fallait une occasion pour pouvoir l'exprimer publiquement. C'est à vous, Monsieur, que je dois, plus qu'à tout autre, l'honorable position que je m'étais créée dans votre pays; veuillez agréer la dédicace de ce Mémoire, comme un vrai témoignage de ma vraie et éternelle gratitude, et croyez, Monsieur, que tant qu'il me restera un cœur sensible, il sera toujours rempli pour vous de cette estime méritée, de cet attachement sincère et respectueux que rien ne saurait diminuer.

L. Montanari.

INTRODUCTION.

Quand on jette un coup d'œil sur l'histoire des Eaux minérales naturelles en général, surtout sur les hydrosulfureuses, il est facile de remarquer que leur emploi a suivi la même gradation que le développement de la civilisation, et que, plus la science médicale s'est perfectionnée, plus leur usage est devenu vulgaire, leur efficacité ayant mieux été constatée de jour en jour.

Les Eaux minérales naturelles, employées chez les Égyptiens, furent en honneur chez les Grecs et chez les Romains ; délaissées par les Arabes, elles ont repris chez les modernes la place et le rang qu'elles méritent parmi

les divers moyens thérapeutiques ; et , de nos jours, elles
ont atteint, pour ainsi dire, l'apogée de leur période crois-
sante. A mesure que l'analyse a fait mieux connaître
leurs principes physiques et chimiques, il a été plus facile
de constater leur caractère médical, leur utilité, et, selon
les principes qu'elles contiennent, d'en faire des remèdes
spéciaux.

Le médecin qui a une longue habitude de son état,
malgré les immenses avantages qu'il trouve dans la pratique et dans les moyens ordinaires pharmaceutiques, voit
souvent des maladies, — et le nombre n'en est pas petit,
— sur lesquelles les remèdes usuels les mieux connus
n'exercent aucune action salutaire, et qui ne peuvent
fonder quelque espoir de guérison que dans l'usage des
Eaux minérales naturelles. Que de services, en effet, n'ont-
elles pas rendus et ne rendent-elles pas encore à la médecine et au médecin ! Dans certaines maladies diathésiques,
dans certaines affections chroniques, la médecine serait
impuissante, si les Eaux minérales naturelles ne venaient
à son secours. Souvent, là où les moyens ordinaires n'offrent que de vains palliatifs, les Eaux minérales naturelles
guérissent radicalement, ou soulagent du moins d'une
manière sensible.

Outre les Établissements thermaux qui jouissent depuis
longtemps de la faveur publique, et dont nous n'enten-

dons nullement contester le mérite, il en est plusieurs autres qui, pour être moins connus, ne sont pas moins d'une efficacité incontestable et possèdent des qualités égales, sinon supérieures à ceux dont la réputation est le mieux établie. Mais ces Eaux, longtemps ignorées et éclipsées par la réputation des Établissements en vogue, furent négligées jusqu'au moment où leurs effets surprenants sont venus appeler sur elles l'attention du monde médical, et les tirer de l'espèce d'oubli auquel elles étaient condamnées.

Ainsi, la source thermo-minérale hydrosulfureuse de FONCHANGE, dont l'efficacité a été reconnue depuis nombre d'années par plusieurs médecins distingués, est encore ignorée du plus grand nombre des médecins des grandes villes, d'une grande partie des baigneurs appartenant aux classes élevées de la société, et est encore bien loin de répandre, comme elle le pourrait, ses bienfaits sur certaines souffrances physiques de l'humanité. Cependant elle renferme les mêmes principes que celles des Pyrénées et autres Établissements d'une grande vogue. Placées dans un lieu charmant, près des grandes routes et de jolies petites villes, peu éloignées des cités principales du midi de la France, ces Eaux réunissent toutes les conditions de prospérité désirables, et le temps est venu pour elles de prendre le rang qui leur appartient, et de voir les livres et les journaux de médecine leur accorder la place qu'elles méritent.

Notre proximité des Bains hydrosulfureux de Fonchange, nos études spéciales sur la nature et l'action de ces Eaux, le nombre des malades que nous y voyions, les guérisons que nous avions obtenues, nous firent un devoir de présenter, il y a quelque temps, sur ces Eaux, au Congrès scientifique agricole du Gard, une Notice qui, à part quelques observations sans importance, reçut l'accueil le plus favorable de la savante Assemblée à laquelle nous eûmes l'honneur de la soumettre.

Aujourd'hui, éloigné de la France, du pays où pendant seize ans nous avons exercé avec dévouement, nous osons le dire, la médecine et la chirurgie, nous trouvant à Nice en Piémont et ayant plus de temps à donner à l'étude ; dans l'intérêt de la science et de l'humanité, il nous est venu dans la pensée de modifier notre travail sur les Eaux thermo-minérales hydrosulfureuses de Fonchange, en lui donnant plus de développement, en augmentant le nombre des observations, et de le livrer à la publicité ; heureux si, par cet écrit, par lequel nous cherchons surtout à être utile, nous parvenons à mériter l'estime et l'indulgence de nos confrères !

MÉMOIRE

SUR

LES PROPRIÉTÉS PHYSIQUES, CHIMIQUES ET MÉDICALES

DES

Eaux de FONCHANGE

(GARD).

———— ⚬ ————

Historique et position géographique des Eaux thermo-minérales hydrosulfureuses de Fonchange.

FONCHANGE est une source d'eau minérale hydro-sulfureuse assez abondante, connue déjà depuis bien longtemps par les cures nombreuses et merveilleuses qu'elle a opérées, soit dans les maladies de la peau de tout genre, soit dans bien d'autres affections.

Cette source est située dans le département du Gard, arrondissement du Vigan, cantons de Sauve et de Quissac, et n'est éloignée de Nimes, Montpellier, le Vigan et Alais, que de quelques lieues. Il y a un Établissement qui depuis quelques années, a pris une certaine extension, qui tend de jour en jour à s'agrandir et qu'on cherche à rendre de plus en plus agréable. Il peut contenir de deux à trois cents baigneurs. Cet Établissement est placé sur une jolie petite colline; il est entouré à l'Ouest, de la magnifique chaîne de montagnes de Coutta; au Sud, de petits monticules; à l'Est et au Nord, du Vidourle, rivière poissonneuse et riante, dont les bords couverts d'arbres, de gazons et de fleurs exhalent un air frais et embaumé.

Caractères physiques des Eaux thermo-minérales hydrosulfureuses de Fonchange.

Les eaux thermo-minérales hydrosulfureuses de Fonchange, observées à la source, sont claires et limpides, douces et onctueuses au toucher, plus pesantes que les eaux ordinaires, et ayant un degré de chaleur, soit en été, soit en hiver, de 16 à 18 degrés centigrades. Prises à la source ou à la buvette, elles ont une odeur d'œufs couvés, elles jaunissent en très-peu de temps une pièce d'argent; tandis que, prises aux robinets qui aboutissent aux baignoires ou dans des réservoirs loin de la source, et exposées pendant quelque temps au contact de l'air, elles n'ont plus d'odeur et ne changent ou jaunissent, qu'à la longue et bien faiblement, la couleur de la pièce d'argent.

M. Plagnol, chevalier de la Légion-d'Honneur, ex-inspecteur des Académies de Nimes et de Grenoble, ex-professeur de Chimie dans cette première ville, en soumettant à l'analyse chimique les eaux minérales hydrosulfureuses de Fonchange, a constaté, comme nous, que si on les examinait loin de la source et après les avoir gardées pendant quelque temps dans des bouteilles hermétiquement fermées à la cire, on y rencontrait à peu près les mêmes caractères physiques qu'on y avait constatés en les examinant à la source ; qu'au contraire, si on les examinait lorsqu'elles avaient été pendant quelque temps dans une bouteille mal bouchée, ou même dans une bouteille bien bouchée mais laissée ouverte seulement pendant quelques minutes, elles perdaient tout à fait leur odeur particulière et n'avaient plus la propriété de jaunir une pièce de monnaie en argent ; mais qu'à part cela, elles conservaient toujours les autres principes physiques.

Nous avons fait de pareilles expériences, soit chez nous, soit chez nos malades, sur les eaux de Fonchange renfermées dans des bouteilles, et nous sommes arrivé aux mêmes conclusions que M. le professeur Plagnol ; bien plus, nous pouvons ajouter que, employées contre certaines maladies, elles nous ont donné les mêmes résultats que nous en avions obtenus prises à la source.

Caractères chimiques des Eaux thermo-minérales hydrosulfureuses de Fonchange.

De l'analyse chimique des eaux de Fonchange, rap-portée par Astruc professeur de l'École de Montpellier, et par M. Dellettre, et surtout de celle faite dernièrement par M. Plagnol, il résulte qu'elles contiennent : 1° du sulfure de sodium ; 2° du carbonate de soude ; 3° du sulfate de soude ; 4° de la chaux ; 5° de la magnésie ; 6° du fer ; 7° de la glairine ou matière animale, nommée par M. Plagnol *matière animale azoto-sulfurée.* Ce professeur distingué, qui a analysé toutes les eaux des Pyrénées, a trouvé celles de Fonchange à peu de chose près pareilles aux Eaux-Bonnes, et même plus riches en sulfure. Il a pris la peine d'analyser les eaux de Fonchange dans toutes les saisons de l'année, et il les a toujours trouvées fournies, à peu près, des mêmes prin-cipes chimiques. Il les a aussi examinées loin de la source, après les avoir conservées trois ou quatre mois dans des bouteilles, et, moins leur gaz-acide sulfureux, il y a trouvé les mêmes principes qu'elles avaient, prises à la source.

Intermittence de la source.

Une chose digne de remarque et qui étonne beaucoup de personnes, c'est l'intermittence que l'on observe dans l'écoulement des eaux de Fonchange : terme moyen, dans l'été, la source s'arrête pendant six à huit heures chaque jour ; dans les grandes chaleurs, et quand le vent Nord—Ouest souffle, on a vu la source s'arrêter pendant douze à dix-huit heures et même plus. C'est ordinairement dans l'après-midi que la source cesse de couler.

Caractères médicaux, études et action des Eaux minérales hydrosulfureuses de Fonchange.

Les eaux minérales hydrosulfuseuses de Fonchange, à notre avis, n'ont pas été assez étudiées sous le point de vue général thérapeutique. Quoiqu'on sache que c'est à la partie sulfureuse de ces eaux que l'on doit la plus grande partie de leur action salutaire, il n'est pas moins vrai que les autres principes qu'elles contiennent sont de puissants auxiliaires ; et un fait qui vient à l'appui de ce que nous avançons, c'est que les eaux minérales sulfureuses de Fonchange, prises en bains, ou bues même loin de la source, ont déjà perdu une grande partie de leur gaz—acide sulfureux, et qu'elles ne laissent pas néanmoins de conserver leur action et de produire des guérisons surprenantes.

La différence que l'on remarque dans les eaux minérales de Fonchange, quand elles sont prises à la source ou loin de la source, et conservant toujours une action à peu près la même, nous fait penser, qu'à l'instar des

Eaux-Bonnes, avec lesquelles elles ont la plus grande analogie, on pourrait en tirer le plus grand parti contre certaines maladies chroniques, même en les prenant à de grandes distances. Les expériences que nous avons faites sur des personnes atteintes d'affections cutanées et catarrhales, ont pleinement confirmé notre opinion; car les eaux de Fonchange, lorsqu'elles sont bien bouchées, conservent à peu près leurs principes, et même, prises dans l'hiver et loin des lieux, elles ont produit les effets les plus satisfaisants. Nous ne saurions trop insister pour en conseiller l'emploi sur une large échelle, et pour appeler l'attention sérieuse des médecins du midi de la France et autres, sur les effets qu'on peut en obtenir.

Si on établissait des dépôts de ces eaux dans des grandes villes, nous avons la certitude qu'une fois qu'on les auraient essayées, on constaterait leur utilité, et qu'elles seraient avantageusement employées.

L'action des Eaux minérales hydrosulfureuses de Fonchange, a été étudiée par Astruc et par M. Deletre, médecin-inspecteur de l'Établissement. Ces deux médecins en ont fait une description très-détaillée; ils parlent du site, de l'époque de la découverte de la source, des caractères physiques et chimiques des eaux, et plus particulièrement de leur action. Par de longues études, par une grande expérience, ils se sont convaincus que les eaux minérales hydrosulfureuses de Fonchange, sont un excellent remède contre les affections de la peau, et contre bien d'autres maladies.

Depuis les Écrits du docteur Delletre et du professeur Astruc, il a paru une Dissertation du docteur Bois-
sière, de Saint-Hippolyte, un Mémoire de M. le docteur
Broquin, ex-inspecteur des bains, plus un autre Mémoire de M. le docteur Blouquier, de Saint-Hippolyte,
maintenant inspecteur des Eaux minérales de Fonchange,
en remplacement de M. le docteur Duto, de Sauve.

Tous ces écrits, certes, montrent péremptoirement
et prouvent de la manière la plus concluante, que les
eaux minérales de Fonchange ont une action incontestable sur les maladies de la peau, et produisent des
guérisons remarquables ; mais ils ne montrent pas assez
leur action générale et les bienfaits que l'on peut tirer
de leur emploi dans une foule d'autres maladies ; on y
trouve bien quelques appréciations à cet égard, mais
elles sont peu détaillées et peu corroborées par des faits.

Placé à peu de distance de l'Établissement minéral
de Fonchange, il nous a été possible d'étudier à fond
ces eaux, tant dans leur action générale, que dans
leur action spéciale. Nous avons habité pendant seize
ans la petite ville de Quissac, chef-lieu du canton de ce
nom, et pendant toutes les saisons des bains, sans être
médecin-inspecteur, nous avons dû nous y rendre presque chaque jour, soit pour voir nos malades, soit pour
visiter des étrangers.

Outre les personnes atteintes de maladies acciden-
telles, qui nous faisaient appeler pour être soignées,
nous dirigions les baigneurs envoyés par nous-même,

ainsi que ceux qui nous étaient adressés continuellement par des médecins éloignés ; et, mieux qu'à personne, il nous était facile de prendre des notes, et de nous former une idée exacte de la marche et de la terminaison des maladies cutanées et autres, soumises à l'action des eaux sulfureuses.

Les notes donc que nous avons pu recueillir, soit de nos malades, soit des autres baigneurs, nous ont amené à constater :

1° Que les Eaux minérales hydrosulfureuses de Fonchange, guérissent, presque toujours et dans un temps assez court, toutes les maladies de la peau, surtout lorsqu'elles sont sous la dépendance d'une diathèse dartreuse ;

2° Qu'elles ont une action salutaire dans les affections érysipélateuses, et guérissent presque toujours les personnes qui en sont atteintes, même celles qui sont malades de longue date ;

3° Qu'elles produisent des soulagements remarquables dans les affections rhumatismales, arthritiques et nerveuses, et guérissent même très-souvent, quand elles sont prises en douches et en vapeur ;

4° Qu'elles guérissent ou modifient certaines affections des organes de la respiration, telles que les bronchites, les laryngites, les amygdalites, les catarrhes chroniques ; soulagent et même peuvent guérir la phthisie pulmonaire à la première et deuxième période ;

5° Qu'elles donnent des résultats très-satisfaisants

dans les affections chroniques des organes digestifs et abdominaux, et plus spécialement dans certaines affections de la matrice et de la vessie;

6° Qu'elles ont une action éminemment salutaire dans la cachexie, l'anémie, les pâles couleurs, l'aménorrhée, et conviennent même dans les maladies scrofuleuses.

Nous n'avons jamais étudié les eaux minérales de Fonchange dans les inflammations aiguës; car, comme toniques, nous avons pensé qu'il n'y aurait eu qu'à en attendre des effets contraires; mais, dans les inflammations chroniques, dans toutes les affections que nous avons mentionnées, nous les avons étudiées d'une manière large et soutenue, et nous en avons obtenu les meilleurs résultats. Du reste, ce qui prouve l'efficacité de ces eaux, c'est l'augmentation des baigneurs, qui viennent de tous les lieux, même les plus éloignés, pour y chercher leur santé. Il y a à peu près vingt ou trente ans que ces Eaux étaient à peine connues des gens du pays; depuis lors, chaque année, le nombre des baigneurs s'est accru, et maintenant, si l'on avait plus d'eau et qu'on voulût donner plus d'extension à l'Établissement, on aurait autant de malades que dans les Pyrénées.

Ces choses étaient si bien senties de M. Cazalet, propriétaire des bains, que, outre les réparations qu'il avait faites chaque année, il se proposait de former de vastes réservoirs fermés hermétiquement et contenant de deux à trois mille bains, et de donner à son local une

2

extension telle qu'il puisse recevoir de six à huit cents baigneurs.

Ces améliorations, le site pittoresque de la source, les routes que le gouvernement se propose de faire, et qui permettront d'aller plus facilement en quelques minutes des Bains aux petites villes de Quissac et de Sauve, donneront, sans aucun doute, avec un plus grand développement, aux Eaux minérales de Fonchange toute la réputation qu'elles méritent, et les mettront sur la première ligne, à cause de leur efficacité.

Les quelques observations que nous avons extraites de nos notes, prouveront mieux que tous les raisonnements, tout ce que nous avons avancé sur l'efficacité de ces Eaux, et convaincront plus que jamais que les eaux minérales sulfureuses, comme moyen général, valent à elles seules plus que tous les moyens employés par la chimie contre les affections dartreuses et contre beaucoup d'autres maladies.

Précautions à prendre avant, pendant et après l'usage des Eaux minérales hydrosulfureuses de Fonchange, et manière de s'en servir.

Quoique nous soyons plus que convaincu que toutes les personnes qui seront amenées à Fonchange trouveront les conseils les plus éclairés dans notre estimable confrère M. le docteur Blouquier, de Saint-Hippolyte, médecin-inspecteur de l'Établissement, nous croirions ne pas avoir complété notre Mémoire, si nous ne donnions pas un simple aperçu des précautions que les malades devront prendre avant, pendant et après l'usage de ces eaux minérales, et si nous n'indiquions en quelques mots la manière dont elles devront être employées.

Précautions à prendre avant les bains.

Le baigneur choisira la fin du printemps et l'été pour prendre les bains et les eaux minérales; ce sont les saisons les plus propices, parce que la température étant plus élevée et plus régulière, il y a moins à craindre d'être dérangé par les refroidissements.

Avant de prendre les Eaux, si le baigneur est doué d'un tempérament sanguin, s'il est jeune, vigoureux, s'il a une maladie à caractère aigu, s'il est trop surexcité, il devra se faire faire une saignée, se purger, prendre quelques tisanes rafraîchissantes, et même un ou deux bains d'eau douce.

Si, au contraire, il est doué d'un tempérament lymphatique, bilieux, s'il est obèse, s'il a de la disposition aux embarras gastriques, glaireux, bilieux, avant de prendre les eaux minérales hydrosulfureuses, il devra se purger et prendre quelques amers.

Si le baigneur se trouve faible, cachectique, il devra, avant de prendre les Eaux, faire usage de quelques légers toniques, et se nourrir modérément avec des aliments substantiels.....

Emploi externe des Eaux minérales hydro-sulfureuses de Fonchange.

Les Eaux minérales hydrosulfureuses de Fonchange pourront être prises en bains, en lotions, en douches, en vapeurs et en boues.

BAINS.

Le baigneur, autant qu'il le pourra, prendra son bain le matin; il restera à peu près une heure dans le bain, et le prendra à la température de 26 à 28 degrés centigrades; s'il est sanguin et sujet aux maux de tête, il devra s'appliquer sur le front, des compresses trempées dans l'eau froide, pendant tout le temps que durera le bain, et se servir, pour cela, des eaux de la source, au lieu des eaux communes.

Le temps que le baigneur devra rester dans le bain, le degré de chaleur du bain et le nombre des bains qu'il devra prendre, seront en rapport avec le genre de maladie dont il sera affecté, avec son tempérament, et seront toujours réglés par le médecin de l'Établissement.

LOTIONS.

Le baigneur se lotionnera la dartre plusieurs fois dans le courant de la journée, et même, s'il le faut, il y tien-

dra dessus des compresses trempées dans l'eau froide de
la source.

DOUCHES.

Le malade qui est affecté de rhumatisme musculaire,
nerveux, arthritique, qui a des engorgements chroniques, soit internes, soit externes, pourra se servir des
douches. Elles seront plus ou moins chaudes et dure-
ront plus ou moins de temps; cependant la chaleur ne
devra pas dépasser 30 ou 35 degrés, et le temps ne
devra pas être plus long qu'une demi-heure.

BAINS DE VAPEUR.

Quand le malade voudra se servir des eaux minérales
hydrosulfureuses de Fonchange en vapeur, et ce sera
le plus souvent pour se guérir ou se soulager d'un rhumatisme musculaire ou arthritique chronique, il devra
rester dans le bain de 20 à 30 minutes seulement, et
avoir la précaution, pendant la durée du bain, de tenir
sur la tête une compresse trempée dans l'eau froide.

BOUES.

Les boues sont une des meilleures parties de la
source de Fonchange; elles sont ordinairement employées
contre les dartres. Le malade qui voudra s'en servir,
les délayera avec les eaux de la source, et en guise de
cataplasmes les appliquera sur les parties affectées; c'est

ordinairement pour faire tomber les croûtes et pour des-
sécher la dartre qu'on les emploie.

On devra déterminer la dose des eaux minérales hydrosulfureuses de Fonchange, d'après le tempérament du
malade et d'après le genre de maladie qu'il aura.

Quand il n'est pas trop irritable, qu'il a une dartre
simple, qu'il est sujet aux érysipèles, qu'il a des engorgements aux viscères abdominaux, qu'il a un catarrhe
chronique à la vessie, à la matrice, qu'il a un rhumatisme, il boira les eaux minérales de la source toutes
pures ; il commencera par un verre le matin à jeun, il
en prendra un autre avant de dîner, et un troisième le
soir, avant de souper ; il augmentera insensiblement
la dose jusqu'à ce qu'il soit arrivé à celle de dix à douze
verres par jour.

Quand le baigneur sera surexcité, qu'il sera affecté
de gastro-entérite chronique ou de simple irritation à
ces organes, qu'il sera atteint de laryngite, de bronchite, de catarrhe pulmonaire chronique, de phthisie
pulmonaire, il prendra les eaux minérales hydrosulfureuses avec modération, à petite dose, et mitigées ou
adoucies avec du lait ou avec du sirop de gomme.

Il commencera par un demi-verre trois fois par jour,
et en augmentera la dose insensiblement, jusqu'à ce qu'il
soit arrivé à cinq ou six verres chaque jour. Au bout

de quelque temps, si rien ne s'y oppose, au lieu de continuer à prendre les eaux mitigées avec du lait ou avec du sirop de gomme, il pourra les prendre toutes pures.

RÉGIME.

Le baigneur devra se nourrir d'aliments sains, légers et de facile digestion : les potages au bouillon de viande, les viandes blanches, bouillies, rôties, grillées ; les poissons, les œufs frais, le jardinage, les fruits mûrs, confits, les confitures, le vin vieux pris avec modération, formeront la base de la nourriture. Il en usera avec modération, surtout le soir, crainte de trop charger l'estomac, de troubler la digestion, et de contrarier l'effet des bains.

HYGIÈNE.

La chambre ou l'appartement du baigneur devra être propre et bien aéré.

Le baigneur devra toujours être bien vêtu, et se précautionner, surtout, contre l'air frais du matin et du soir.

Il fera un exercice modéré, qui ait pour effet de le distraire plutôt que de le fatiguer ; les petites promenades à l'ombre, dans les bois, au penchant des collines, sur les bords du Vidourle, et aux petites villes de Quissac et Sauve, à part les agréments qu'on y trouvera, lui seront de la plus grande utilité. Les courses à cheval et en voiture délasseront aussi le malade, et lui seront très-favorables.

Précautions à prendre après les bains.

Ordinairement les eaux minérales hydrosulfureuses de Fonchange, étant toniques, surexcitent quelque peu le malade qui en a fait usage pendant un certain temps. Dans cette disposition, le malade, en rentrant chez lui, ne devra pas tout de suite s'adonner pleinement à ses travaux habituels, ni prendre trop de fatigue ou se nourrir de choses trop substantielles. Il persévérera encore dans les habitudes qu'il avait prises aux bains, et ne reviendra qu'insensiblement à sa vie ordinaire.

Il est à remarquer que, souvent, après l'usage des bains, ou bien le malade ne guérit pas tout à fait, ou il s'opère chez lui des crises ; il ne faut pas s'en inquiéter : les Eaux minérales hydrosulfureuses de Fonchange agissent encore pendant quelque temps d'une manière salutaire, après même que l'on en a discontinué l'emploi.

Effets physiques des Eaux thermo-minérales hydrosulfureuses de Fonchange, chez les personnes qui en font usage.

Les malades qui se soumettent à l'usage des eaux minérales hydrosulfureuses de Fonchange, éprouvent pendant quelque temps, surtout dans les premiers jours, un sentiment de surexcitation générale et un peu d'inquiétude. Ils ont souvent de la diarrhée, ou ils sont constipés, et sentent augmenter leur appétit. Cet état ne dure pas plus de trois ou quatre jours. Peu à peu le malade s'habitue aux eaux, il les prend en boisson et en bains sans le moindre dérangement, et peut les continuer des mois entiers.

Manière de prendre les Eaux thermo-minérales hydrosulfureuses de Fonchange, loin de la source.

Les eaux minérales hydrosulfureuses de Fonchange pourront être prises loin de la source en toute saison, avec la différence qu'en hiver, soit qu'on les emploie à l'intérieur, soit qu'on les emploie à l'extérieur, elles devront être prises en moindre quantité, et un peu chaudes.

Lorsqu'un malade aura besoin de se servir des eaux minérales de Fonchange loin de la source, il devra toujours en proportionner la dose à son état de surexcitation, à son tempérament, et au genre de maladie dont il sera affecté : ainsi, lorsqu'il sera atteint d'inflammation chronique des organes de la voix et de la respiration, laryngite, bronchite, catarrhe pulmonaire chronique, phthisie pulmonaire, il devra commencer à prendre les eaux minérales hydrosulfureuses de Fonchange à la dose de deux ou trois verres par jour, mitigées avec du lait ou adoucies avec du sirop de gomme, et augmenter cette dose jusqu'à ce qu'il soit arrivé à quatre ou cinq verres. Il pourra même au bout de quelques jours les prendre pures.

Si le malade voulait user des eaux de Fonchange loin de la source, dans une inflammation chronique du tube gastro-intestinal, il devra les prendre en petite dose et mitigées avec du lait ou adoucies avec du sirop de gomme ou de citron.

Dans ces cas, les eaux de Fonchange seront prises plus ou moins de temps ; mais, si rien ne s'y oppose, pour on ressenti les effets, il faudra les continuer au moins un mois.

Dans les affections dartreuses, le malade pourra employer les eaux de Fonchange en boisson, en lotions et en boues ; il boira les eaux minérales hydrosulfureuses de Fonchange à la dose au moins d'un litre par jour, lotionnera la dartre plusieurs fois par jour avec la même eau ou appliquera des compresses trempées dans cette eau, et appliquera les boues sur les parties en guise de cataplasmes pendant la nuit. Si la dartre est opiniâtre à guérir, il pourra y ajouter quelques bains hydrosulfureux artificiels. Dans cette circonstance, le traitement par les eaux de Fonchange devra toujours être continué encore quelque temps après que la dartre sera guérie.

Toujours, quand on voudra traiter une dartre par les eaux et boues de Fonchange, il faudra simplifier la maladie avant de la soumettre aux eaux minérales hydrosulfureuses, en saignant et en purgeant s'il y a besoin. Dans l'hiver, lorsqu'on voudra traiter une dartre, il faudra avoir les plus grandes précautions. Pendant le traitement, on purgera le malade chaque huit jours et on lui appliquera un vésicatoire au bras. Le régime devra être convenable, et le malade devra se tenir le plus chaudement possible.

Si on veut employer les eaux de Fonchange contre une maladie des organes abdominaux, foie, rate, etc, ou contre un catarrhe de la matrice, on les administrera en boisson, à une dose assez élevée et pendant assez longtemps, et on fera des injections utérines, soir et matin, avec les mêmes eaux.

MALADIES CUTANÉES.

Première Observation.

Ophthalmie chronique avec photophobie et dartre pustuleuse (acné), humide aux paupières et aux joues; traitements divers sans succès. — Bains de Fonchange, exutoire, guérison.

Mademoiselle de N., de la commune de Quissac (Gard), âgée de trois ans, d'un tempérament lymphatique, d'une constitution débile, née d'un père mort de phthisie pulmonaire, et d'une mère lymphatique, portait, dès la plus tendre enfance, une dartre pustuleuse (acné) aux paupières et aux joues, qui l'empêchait d'ouvrir les yeux et l'obligeait de rester toujours dans l'obscurité et sur les bras de sa mère; outre la privation de la lumière, elle avait des douleurs assez vives, avec une démangeaison que rien ne pouvait apaiser, et qui l'aurait forcée à se déchirer, si on ne lui eût pas attaché les mains et si on ne l'eût constamment surveillée. On avait consulté une foule de médecins de Marseille, d'Avignon, de Nimes et de Montpellier, mais la petite malade ne trouvait aucun soulagement. Nous la vîmes donc à la campagne de sa mère, pendant le mois d'avril 1837, et la trouvâmes dans l'état que nous venons de décrire. A l'aspect de la petite malade, aux antécédents des parents, jugeant que cette affection était sous la dépendance d'une diathèse scrofuleuse et que, par conséquent, il était nécessaire d'employer un traitement qui corrigeât ce vice et rétablît les forces vitales et organiques, nous prescrivîmes le muriate d'or au chocolat, à prendre à doses fractionnées; la tisane de salsepareille et de racines de bardane, adoucie avec le sirop de cresson, à prendre chaque matin à la dose d'un demi verre; des fomentations, d'abord émollientes, aux parties, ensuite dessicatives et astringentes; quelques légers purgatifs; une mouche de Milan au bras, et un régime assez nutritif. Ce traitement fut continué d'une manière longue et soutenue jusqu'au mois de juillet de la même année, mais sans aucun résultat favorable. La jeune malade se trouvant toujours la même, nous conseillâmes à la mère de conduire sa fille à Fonchange, pour prendre des bains et boire les eaux.

Mlle de N. fut donc à Fonchange, prit des bains, but les eaux, et se lotionna les parties malades. Il ne se passa pas huit jours sans qu'on reconnût une grande amélioration, et au bout d'un mois et demi elle se trouva complètement guérie, la dartre ayant totalement disparu. Il ne lui resta qu'une légère faiblesse qui alla de jour jour en diminuant, et finit par disparaître dans l'automne et l'hiver suivants; la malade eut des éruptions momentanées à la figure, ce qui nous décida à lui appliquer un cautère au bras, et à lui prescrire quelques dépuratifs. Le printemps de l'année 1838 fut sans recrudescence; mais, malgré cela, j'insistai beaucoup pour que la petite malade retournât aux bains de Fonchange. Pendant l'été elle s'en trouva très-bien, car elle acquit de la force, de l'embonpoint, et n'eut plus aucune crise; maintenant elle a déjà 18 ans, et elle jouit d'une santé parfaite.

OBSERVATION II.

Dartre pustuleuse humide (acné et sycosis) aux paupières et aux joues : traitements divers, peu de succès ; bains de mer. — Bains de Fonchange, exutoire, guérison.

Mademoiselle Herminie, de la commune de Quissac, âgée de 7 ans, d'un tempérament lymphatique, d'une con-

stitution assez bonne, née d'un père robuste et d'un emère
lymphatique, portait, depuis sa naissance, aux paupières et aux joues, une dartre pustuleuse (acné et sycosis)
qui disparaissait et revenait de temps en temps, et la
faisait grandement souffrir. Elle était encore en nourrice
quand nous commençâmes de lui donner des dépuratifs,
simples d'abord, ensuite composés : le sirop dépuratif
de Portal, la tisane de douce-amère, de bardane, les purgatifs, les ferrugineux, les iodurés et les aurifères ont
été employés tour à tour, pendant quatre ou cinq années.
Dans l'été et l'hiver, ordinairement la dartre disparaissait, mais pour revenir au printemps et en automne.
D'après le conseil du père, on envoya l'enfant à la
mer dans les années 1843, 1844; elle prit de 40 à 50
bains chaque saison, sembla mieux aux mêmes époques
qu'avant les bains, mais au printemps et en automne la
dartre reparut plus forte que jamais. Voyant que les
moyens pharmaceutiques et les bains de mer n'avaient
donné que des soulagements passagers à notre petite
malade, nous voulûmes essayer les eaux de Fonchange.
Dans l'été 1845, elle prit une quarantaine de bains, but
l'eau minérale en abondance et se lotionna les parties.
Sous l'influence des Eaux sulfureuses, la dartre disparut
complètement, sans laisser aucune trace. La jeune malade
passa l'automne et l'hiver sans crises; au printemps de
l'année 1846, elle eut une légère éruption qui se dissipa
promptement sous l'action d'un traitement dépuratif.
Dans l'été de la même année, elle revint à Fonchange

et s'en trouva très-bien ; dans l'automne nous appliquâmes
un exutoire permanent au bras. Depuis cette époque,
l'éruption n'a presque plus reparu, et la persistance que
l'on a mise à lui faire continuer les bains de Fonchange
et ceux de la mer, l'a complètement guérie.

OBSERVATION III.

*Dartre croûteuse aiguë (mentagra) : antiphlogistiques , pur-
gatifs, dépuratifs; état stationnaire. — Bains de Fonchange , guérison radicale en très-peu de temps.*

M. le colonel N., chevalier de la Légion-d'Honneur,
de la commune de Calvisson (Gard), âgé de 45 ans,
d'un tempéramment bilieux-sanguin, d'une forte constitution, fut atteint tout à coup au printemps de l'année
1844, sans aucune cause bien connue, d'une éruption
à la figure qui prit bientôt le caractère d'une dartre
croûteuse (mentagra) ; elle envahit les joues , le men-
ton et une partie du cou , et le rendit presque hideux
à voir, en s'accompagnant de démangeaisons avec des
douleurs très-vives.

Dès le commencement de l'éruption , le docteur Fontaine, de Nîmes , le fit saigner à plusieurs reprises, le
purgea à différents intervalles , lui fit prendre des rafraîchissants et des purgatifs, et lui fit appliquer un vésicatoire au bras. N'ayant trouvé aucun soulagement après
deux ou trois mois de traitement , M. Fontaine pensa de
l'envoyer aux bains de Fonchange, dans le mois d'août

de la même année ; comme il nous fut expressément re-
commandé du docteur Fontaine et plus particulièrement
de ses parents, nous le vîmes même avant son arrivée
dans l'Établissement, et dirigeâmes en partie son traitement.
Il fut purgé d'abord, prit des bains, se lotionna la figure
et le cou avec l'eau minérale et en but en assez grande
quantité. Il était tellement défiguré, tellement découragé,
qu'il n'osait se laisser voir de personne. Malgré les bains
et les lotions, les croûtes de la dartre ne voulaient pas
se détacher, et ce ne fut qu'après l'application des boues,
qu'elles tombèrent et laissèrent voir tous les tissus sous-
cutanés couverts de petits boutons ; la barbe fut rasée, et
en continuant les lotions, les boues, les bains et les
boissons, dans un mois tout était rentré dans l'état
normal ; la peau sur laquelle avait existé la dartre, conservait une légère teinte rosée qui a disparu dans peu
de temps. Nous avons eu occasion de recevoir depuis de
ses nouvelles, et nous avons appris qu'il n'a eu aucune
rechute.

OBSERVATION IV.

*Dartre furfuracée (lichénoïde) à la figure, existant depuis
plusieurs années, rebelle à tous les remèdes, même aux
Eaux minérales hydrosulfureuses des Pyrénées. — Eaux
de Fonchange, guérison.*

Monsieur U. , de la ville d'Arras, département du
Pas-de-Calais, âgé de 27 ans, de tempérament sanguin,

de forte constitution, portait à la figure , depuis plusieurs
années , une dartre lichénoïde avec hypertrophie de la
face. Il ne connaît guère la cause de la maladie , seulement il disait avoir eu quelquefois de légères éruptions
passagères sur le corps, et avoir eu une affection sy-
philitique dont il était sûr d'être guéri , ayant suivi
un traitement régulier, ordonné par M. Ricord , de
Paris. Cette dartre se manifesta chez lui peu à peu ,
envahit une bonne partie de la figure , et se rendit stationnaire. Il consulta plusieurs médecins , fit une quantité
de traitements , alla aux Eaux des Pyrénées , mais rien
n'améliorait son indisposition ; de Lyon, on lui conseilla
de venir aux Eaux minérales sulfureuses de Fonchange.
En effet , dans l'été de l'année 1848, il arriva dans l'Établissement. Quoiqu'il ne nous eût pas été adressé ,
nous eûmes occasion de le voir et de le soigner à la
suite d'une brûlure qu'il s'était faite. Ce fut dans cette
circonstance qu'il nous parla de son affection cutanée ,
et nous donna les détails les plus minutieux sur la
maladie et les traitements qu'on lui avait prescrits. La
première année, il resta environ deux mois aux bains ,
en repartit presque guéri ; il revint ensuite , dans l'été
de 1849, et par les relations qui s'étaient établies entre
nous , nous le suivîmes de plus près et l'aidâmes de nos
conseils. En effet, cette année , il partit complètement
guéri, et nous pensons que sa dartre ne reparaîtra plus.

Cette observation est très-remarquable, en ce que
l'on voit la supériorité des eaux minérales de Fonchange

3

sur tous les remèdes que le malade avait employés. Cependant, il faut le dire, la dartre a été très-opiniâtre, et ce n'est que grâce à la constance du malade, que les eaux sulfureuses ont pu opérer cette guérison.

MALADIES ÉRYSIPÉLATEUSES.

OBSERVATION V.

Érysipèle à la figure : antiphlogistiques, purgatifs, dépuratifs, exutoires; point d'amendement. — Eaux de Fonchange en bains et en boisson, guérison radicale.

Madame Cancel, de Tréviers (Hérault), âgée de 50 ans, de tempérament bilieux-sanguin, de bonne constitution, était atteinte depuis quelques années d'un érysipèle à la figure, qui paraissait de temps en temps, et spécialement au printemps et en automne. Elle avait consulté plusieurs médecins et subi plusieurs traitements; en 1836, nous fûmes appelé pour la voir dans un moment de crise; elle souffrait d'un érysipèle phlegmoneux qui lui tenait toute la figure parsemée de phlyctènes; elle avait beaucoup de fièvre accompagnée d'un peu de délire; c'était dans la matinée. Nous lui fîmes une saignée du bras, et lui prescrivîmes les poudres résolutives de Franc, des fomentations chaudes et sinapisées aux pieds, et sur la figure de légères compresses trempées dans la décoction de sureau et des feuilles de mauve. Le lendemain, la malade étant dans le même état, nous la fîmes vomir avec quinze grains de poudre d'ipécacuanha et lui fîmes continuer les poudres de Franc, les sinapismes aux jambes, et les fomentations émollientes; au bout de quatre ou cinq jours, le mal prit une marche régulière favorable, et la malade fut en convalescence le onzième ou le douzième jour.

Nous l'avons vue ensuite plusieurs fois pour la même maladie, et avons tâché de vaincre cette habitude par une suite de traitements; mais voyant que les retours des crises étaient toujours les mêmes, nous décidâmes de la faire venir à Fonchange, et là, sous nos yeux, de lui faire prendre les bains et les eaux. C'est dans l'été de 1838 qu'elle vint aux bains. Elle y resta une trentaine de jours, prit constamment de dix à douze verres d'eau minérale par jour, et se mit dans l'eau vingt-huit fois. L'automne et l'hiver se passèrent sans crise; mais, dans le printemps de 1839, elle eut encore un érysipèle; elle revint aux bains de Fonchange dans l'été de la même année et y resta un mois. L'année qui suivit se passa sans avoir de nouvelle recrudescence, ainsi que les autres. Nous avons eu occasion de voir la malade par la suite, et l'avons trouvée bien portante et tout à fait débarrassée de son ennuyeuse maladie.

Observation VI.

Érysipèle à la figure se renouvelant de temps en temps : sangsues, purgatifs, dépuratifs, exutoire; état stationnaire de la maladie. — Eaux de Fonchange, guérison.

Madame veuve Richard, de la commune de Puechredon, canton de Sauve, département du Gard, âgée de 65 ans, d'un tempérament lymphatique-bilieux, d'une faible constitution, était sujette, depuis bien des années, à des érysipèles à la figure; elle consulta plusieurs médecins et fit avec exactitude et persévérance tous les remèdes qu'on lui prescrivit; mais elle n'en retira que des résultats précaires. Arrivé dans le pays, nous fûmes consulté à notre tour, et nous lui prescrivîmes les purgatifs d'abord, les sangsues à l'anus répétées de temps en temps, les dépuratifs, un cautère à la jambe. Sous un traitement de cette sorte, elle sembla se trouver mieux et passa huit à dix mois sans crises. Nous renouvelâmes ensuite le même traitement plusieurs fois dans l'espace de trois ans, mais n'ayant obtenu que des résultats incomplets, nous lui conseillâmes d'aller prendre les eaux minérales de Fonchange. En effet, cette dame fut aux bains de Fonchange plusieurs années de suite, et s'en trouva très-bien; elle est restée trois ans sans avoir de rechute et se voit guérie, non-seulement de son érysipèle, mais bien encore de l'état bilieux qui la tourmentait depuis tant d'années.

OBSERVATION VII.

Érythème avec hypertrophie de la peau à la figure : saignées,
purgatifs, dépuratifs, bains ordinaires, rafraîchissants ;
maladie stationnaire. — Eaux de Fonchange, guérison.

Monsieur Marignan, de Marsillargues (Hérault), âgé de 40 ans, d'un tempérament bilieux–sanguin, d'une forte constitution, était atteint depuis plusieurs années d'un érythème avec hypertrophie de la peau à la figure, qui se renouvelait très–souvent, le faisait souffrir et l'empêchait de vaquer à ses affaires. N'en connaissant pas la cause, et l'attribuant à des excès de fatigue ou à un état pléthorique, on le soumit à plusieurs traitements ; les saignées générales, les sangsues appliquées à l'anus, les purgatifs, les dépuratifs, les bains, les rafraîchissants et un régime sévère avaient été employés tour à tour et avec la plus grande constance par le malade. On obtenait quelques légers soulagements, mais la maladie ne laissait pas de reparaître au moindre écart de régime ou à la plus légère fatigue. M. le docteur Bassaget, de Marsillargues, conseilla au malade les bains de Fonchange, et nous le recommanda spécialement. Après l'avoir purgé, nous lui fîmes commencer les Eaux ; comme la peau de la figure était toujours rouge et un peu hypertrophiée, nous l'engageâmes à prendre les bains quasi frais, et à s'appliquer constamment, pendant toute la durée du bain, des compresses trempées dans l'eau minérale toute froide ; il continua pendant un mois et demi de prendre les bains, il but beaucoup d'eau, se lotionna souvent avec l'eau fraîche de la source, observa un régime convenable et un exercice modéré. Quand il partit des bains, l'érythème avait totalement disparu et la peau de la figure était revenue à son état normal.

L'année d'après, le malade revint à Fonchange ; il avait encore eu au printemps quelques légères atteintes de la maladie. Il prit les bains, but les eaux, se lotionna comme l'année précédente, et retourna chez lui complètement guéri. Nous avons eu occasion d'avoir ensuite de ses nouvelles, et nous savons qu'il n'a plus eu de recrudescence et qu'il est rétabli d'une manière radicale.

AFFECTIONS RHUMATISMALES.

OBSERVATION VIII.

Rhumatisme nerveux, sciatique : sangsues, frictions anti-spasmodiques et calmantes, vésicatoires, bains aromatiques. — Bains de Fonchange, guérison.

Madame veuve Gaubiac, de la commune d'Ortus, canton de Quissac, (Gard), âgée de 50 ans, d'un tempérament sanguin, d'une forte constitution, se plaignait depuis quelques années de douleurs rhumatismales à la cuisse droite (névralgie sciatique), surtout dans l'automne. Étant le médecin de la commune, nous la vîmes de temps en temps, et nous lui fîmes suivre plusieurs traitements qui ne lui procurèrent que de bien faibles soulagements. Les saignées générales et locales, les frictions avec le baume opodeldoch, celles avec l'aconit et la belladone, celles avec le chloroforme, les bains aromatiques, les vésicatoires ont été employés à différentes reprises, mais avec peu de réussite. Les eaux de Fonchange contenant quelques carbonates, nous crûmes qu'elles pourraient être utiles à la malade. Dans l'année 1846, nous l'envoyâmes donc à Fonchange, dans un moment où elle souffrait beaucoup de sa douleur. Elle prit d'abord quelques bains en entier, et finit par prendre les douches; elle but les eaux minérales en grande abondance, et au bout d'un mois, elle retourna chez elle complètement guérie, et put par la suite continuer son état de marchande ambulante. Dans l'hiver, madame Gaubiac sentit quelque légère atteinte de son mal; mais, en comparaison des autres années, ce fut si peu de chose, qu'elle ne discontinua pas même son travail ordinaire. En 1848, elle eut une nouvelle recrudescence, prit encore les bains de Fonchange et s'en trouva très-bien. Depuis cette époque, jusqu'en 1850, que je sache, elle n'a plus eu de crises.

Observation IX.

Rhumatisme nerveux, sciatique, traité avec les moyens ordinaires; simple amendement. — Eaux de Fonchange, guérison.

Madame Froucand, de Quissac (Gard), âgée de 55 ans, d'un tempérament bilieux-sanguin, d'une forte constitution, souffrait, de temps en temps et depuis nombre d'années, des douleurs sciatiques à la cuisse gauche, et parfois de douleurs aux articulations du genou. Appelé souvent pour la voir, surtout en hiver, nous lui fîmes subir plusieurs traitements qui la soulageaient parfois, mais ne la guérissaient jamais d'une manière radicale; la malade n'ayant pas les moyens d'aller à Bagnols pour prendre des bains à vapeur, nous l'engageâmes, à raison de sa proximité, d'aller à Fonchange. Pendant un mois, chaque matin elle se rendait à la source, prenait un bain, se douchait les parties endolories, et buvait de dix à douze verres d'eau minérale. Dès le commencement elle se sentit beaucoup mieux, et quand elle eut fini de prendre ses bains, les douleurs avaient complètement disparu; sept ou huit mois après, elle eut une nouvelle crise qui dura assez longtemps; à la saison d'été elle prit une autre trentaine de bains, qui la débarrassèrent définitivement de ses douleurs; plusieurs années se sont écoulées sans qu'elle ait eu de nouvelles crises et nous la regardions comme complètement guérie. Elle est

morte ensuite d'une attaque d'apoplexie presque fou-
droyante.

MALADIES DES ORGANES DE LA RESPIRATION.

—

OBSERVATION X.

*Laryngite folliculaire avec extinction de voix : antiphlogis-
tiques, dérivatifs, dépuratifs, exutoires; point d'amendement. — Eaux de Fonchange, guérison.*

Monsieur N..., de la commune de Sommières (Gard),
chevalier de la Légion d'Honneur, âgé de 50 ans, d'un
tempérament lymphatico-sanguin, d'une forte constitution,
portait depuis deux ou trois années une inflammation
chronique qui s'étendait au voile du palais, aux amyg-
dales et à la partie supérieure du larynx. Cette affection,
venue à la suite d'un refroidissement, prit d'abord le
caractère d'une angine catarrhale aiguë, et fut traitée
en conséquence par les saignées générales et locales, les
laxatifs, les boissons mucilagineuses, la diète et le repos
au lit. Sous l'action de ce traitement, la maladie cédait
déjà, quand M. N...... fut obligé de faire un voyage
qui, comme on peut bien le penser, au lieu de le guérir,
rendit son mal stationnaire et lui fit prendre un caractère chronique, caractère qu'il avait gardé, comme nous
venons de le dire, depuis quelques années, et qui n'a-
vait cédé à aucun traitement. La maladie ne prenant

aucune marche favorable , et s'aggravant toujours de
plus en plus, on lui conseilla les eaux de Fonchange.
En effet, dans l'année 1846 , Monsieur N...... vint
aux Bains ; nous eûmes occasion de le voir et même de
lui donner quelques conseils. Il prit un bain chaque
jour et but les eaux, d'abord en petite quantité et mitigées avec du lait, ensuite plus abondamment et toutes
pures. Dès les premiers jours, il sentit du soulagement ;
la parole devint plus facile, la voix plus claire, il eut
moins de toux, moins d'expuition, et devint plus gai.
Après un mois de séjour à Fonchange, M. N.... partit
presque guéri. Nous avons eu occasion de le voir ensuite
et de savoir que, à la suite des bains, la maladie s'était
de plus en plus améliorée et avait fini par disparaître
tout à fait.

OBSERVATION XI.

Catarrhe pulmonaire chronique avec menace de phthisie :
soins ordinaires sans résultat. — Eaux minérales de Fon-
change, guérison.

Une jeune personne âgée de 15 ans , de tempérament
lymphatico-nerveux , de faible constitution , et à laquelle
nous attachaient les liens du sang , fut atteinte, dans
l'automne de l'année 1842 , d'une pneumonie suraiguë.
Après une lutte de quinze jours contre un état désespérant, elle fut arrachée à la mort par nos soins, et plus
particulièrement par ceux de notre estimable ami , le

docteur Dumény, de Sauve, qui eut l'extrême complai-
sance de venir à notre aide dans une circonstance aussi
pénible, et dans un moment où nos facultés intellec-
tuelles se trouvaient incapables de jugement, trop obsédées
qu'elles étaient par la douleur. La convalescence de la
jeune malade fut longue et pénible ; la toux, la gêne
de la respiration et une douleur profonde sur la partie
déjà affectée de la poitrine, persistaient plus que jamais.
Dans l'été de l'année 1843, elle était d'une maigreur
extrême, la toux avait pris un caractère alarmant, et
tout nous faisait craindre qu'elle ne tombât dans la
phthisie pulmonaire. Ayant épuisé tous les moyens
qu'une saine médecine suggère dans de pareilles maladies, sans en obtenir le moindre résultat, il nous vint
la bonne idée de la faire porter à Fonchange. Dès
qu'elle eut pris quelques bains et bu des eaux, il s'opéra
chez elle un changement très-favorable : l'appétit revint ;
de triste et sombre qu'elle était, elle devint gaie ; la toux
diminua insensiblement ainsi que les crachats ; elle se
sentit plus forte, et au bout d'un mois nous eûmes
l'extrême satisfaction de la voir rendue à la santé, dont
elle n'a pas discontinué de jouir depuis cette époque.
Malgré cela, nous n'avons pas cessé de l'envoyer chaque année à Fonchange, pendant une quinzaine de jours,
et ce n'est que notre éloignement de France qui nous
l'a fait discontinuer.

OBSERVATION XII.

Catarrhe pulmonaire chronique avec douleur et hépatisation
du poumon droit : moyens ordinaires ; état stationnaire.—
Bains de Fonchange, cautère au bras, guérison.

Madame N., de la commune de Corconne, âgée de
38 ans, d'un tempérament lymphatico-sanguin, d'une forte
constitution, née de parents atteints de maladies de
poitrine, fut prise, dans l'année 1843, d'une pleuro-
péripneumonie, qui, quoique traitée par des moyens
énergiques et rationnels, traîna pendant longtemps et
prit même par la suite une forme catarrhale à type
chronique ; les antimonieux, les pectoraux de tout genre,
le lait, les boissons d'escargots, le sirop de Lamouroux
et un régime convenable avaient été employés avec beaucoup de constance, mais avec peu de succès. Comme
nous avions beaucoup de confiance dans les eaux de
Fonchange contre ces sortes de maladies, et que nous
en avions obtenu d'heureux résultats, nous engageâmes
Madame N... d'aller passer un mois aux Eaux minérales de
Fonchange. En effet, elle se rendit aux Bains dans le
mois de juillet, avec la poitrine fort malade. A peine
fut-elle restée quelques jours dans l'Établissement et
eut-elle pris les eaux, qu'elle en ressentit un grand
soulagement. Notre proximité des bains et nos visites
journalières dans l'Établissement faisaient que nous
pouvions la voir presque chaque jour et la diriger dans

la cure. Quand la malade quitta les bains, elle ne fut plus connaissable : de maigre et faible qu'elle était, elle avait pris de l'embonpoint et de la force ; la toux, ainsi que le peu de fièvre qui se montrait le soir, avaient complètement cessé, la respiration était plus libre, et, chose singulière, l'hépatisation du poumon droit avait disparu presque entièrement. Dans l'hiver de la même année, elle eut un léger catarrhe qui se dissipa bien vite par l'emploi des moyens ordinaires. Comme nous craignions beaucoup les antécédents de famille, et que la malade avait une grande disposition aux affections de poitrine, nous lui appliquâmes un cautère au bras, qu'elle garde encore ; et, quoique guérie et bien guérie, elle vint encore passer quelques saisons aux bains.

OBSERVATION XIII.

Catarrhe pulmonaire chronique venu en suite d'une pneumonie: moyens ordinaires ; maladie stationnaire. — Eaux de Fonchange, guérison.

Madame Bouvier, de la commune de Corconne, âgée de 55 ans, d'un tempérament lymphatico-nerveux, d'une constitution assez bonne, sujette aux catarrhes pulmonaires, fut atteinte, dans l'hiver 1844, de pneumonie, laquelle, traitée par les moyens ordinaires, parut céder d'abord, mais prit ensuite le caractère d'un catarrhe chronique. Ce catarrhe fut rebelle aux moyens qu'on a l'habitude d'employer, et, bien qu'en été, l'état de la malade ne fit qu'empirer. Persuadé que les eaux minérales de Fonchange amélioreraient sa position, nous l'envoyâmes donc aux Eaux, et un mois ou 40 jours après l'usage de ces eaux, soit en bains, soit en boisson, elle se trouva parfaitement rétablie. Outre le catarrhe pulmonaire, la malade souffrait aussi de rhumatisme musculaire : les eaux de Fonchange la soulagèrent aussi de cette affec-tion, et elle resta quelques années sans s'en ressentir.

OBSERVATION XIV.

Phthisie pulmonaire à la deuxième période : moyens ordi-naires; persistance des symptômes, aggravation même de la maladie. — Eaux de Fonchange, amélioration.

Monsieur N., de la commune de Corconne (Gard), canton de Quissac, âgé de 26 ans, d'un tempérament lymphatico-nerveux, d'une faible constitution, né de parents morts de phthisie pulmonaire, fut atteint, dans l'automne de 1844, d'une otite et d'une esquinancie qui cédèrent aux moyens ordinaires, lui laissant cependant un peu de surdité et de l'irritation au gosier; dans l'année suivante il eut un catarrhe pulmonaire, qui prit ensuite un caractère chronique et dura à peu près trois mois. En avril de la même année il persistait encore, quand survint une pleuro-péripneumonie accompagnée d'hémoptysie. Le malade ayant été soumis, dans cette circonstance, à un traitement antiphlogistique assez énergique, les symptômes inflammatoires s'amendèrent dès les premiers jours ; mais il lui restait de la toux, un peu de douleur de côté, de l'hépatisation au poumon gauche, et par suite, de la gêne dans la respiration ; on sentait du râle sous-crépitant. La fièvre cependant avait totalement disparu vers le vingtième jour, il n'y avait plus de sang dans les crachats, et l'expectoration était peu abondante ; malgré cela la convalescence traînait toujours en longueur, et l'état du malade, au lieu de s'améliorer, allait en empirant. La durée de la maladie, les antécédents de famille, le tempérament et la constitution du malade, l'état de la poitrine, nous firent penser que nous étions déjà engagé dans une phthisie pulmonaire, et qu'il y avait bien peu d'espoir de guérir le malade.

Ayant constaté que les eaux minérales de Fonchange étaient un excellent moyen pour les affections catarrhales du poumon, et sachant même que dans la phthisie pulmonaire les eaux minérales sulfureuses avaient souvent produit, sinon des guérisons au moins de grands soulagements, nous conseillâmes à notre malade d'aller passer un mois à Fonchange. Doué d'une docilité rare et plein d'une confiance sans exemple, il se rendit donc aux bains de Fonchange dans le mois de juillet de la même année, et y trouva un soulagement peu commun. Sous l'action des bains, et plus spécialement des eaux en boisson, il sentit se ranimer ses forces, se calmer la toux, diminuer la difficulté de la respiration, et un mois ne s'était pas écoulé qu'il n'était plus reconnaissable. Il

resta deux mois aux bains, et, en rentrant chez lui,
on l'aurait dit guéri, tant il avait recouvré de force,
d'embonpoint et de gaîté. L'automne, ainsi qu'une bonne
partie de l'hiver, se passèrent très-bien ; le malade,
ayant déjà pris son train de vie ordinaire, pensait à se
remettre à ses occupations de commis dans un magasin,
quand tout à coup, à la suite d'un refroidissement, il
fut affecté de nouveau d'un catarrhe pulmonaire aigu,
qui, malgré tous les soins, prit une forme chronique
et revint à l'état phthisique comme dans l'année précédente, pour conduire le malade au tombeau, dès les
premiers jours du printemps.

Cette observation est très-intéressante, car elle montre
toute la puissance des eaux minérales sulfureuses contre
les affections de la poitrine, et les résultats qu'on peut
même en attendre dans la phthisie pulmonaire. Si notre
malade, après une amélioration aussi inattendue, eût
été passer l'hiver dans un pays chaud, comme à Nice ou
aux îles d'Hyères, nul doute qu'il n'eût complètement
rétabli sa santé, et cela d'une manière radicale.

OBSERVATION XV.

Morve affectant un caractère chronique dégénéré en phthisie
pulmonaire : traitement par les toniques d'abord, par les
pectoraux ensuite ; état progressif du mal. — Eaux de
Fonchange, soulagement.

M. Ceilas, maire de la commune de Carnaz, canton
de Quissac, département du Gard, âgé de 38 ans, d'un
tempérament lymphatique nerveux , d'une constitution
débile , fut pris, dans l'automne de l'année 1845, d'une
maladie qu'on caractérisa d'abord de catarrhe général,
accompagné de douleur rhumatismale sur la partie gauche de la poitrine. Après quinze jours de maladie , il se
manifesta chez le malade des tumeurs inflammatoires de
couleur bleuâtre, sur les extrémités inférieures , précisé-
ment le long du trajet des muscles des jambes, et qu'on
aurait pu caractériser de pemphigo-farcineuses ou phlegmo-
neuses ; dans le même temps que paraissaient ces tumeurs,
le malade souffrait de l'arrière-gorge qui était ulcérée ,
ainsi que de l'intérieur des narines, également ulcérées.
Il avait une petite fièvre continue qui revenait le soir ,
avec une sueur abondante et un peu de toux accompagnée toujours de douleur de côté et sans crachements.

C'était le docteur Bonnore, de Sommières , homme
très-estimable en médecine , qui le soignait en ce moment.
Nous fûmes aussi appelé en consultation et trouvâmes le
malade dans l'état que nous venons de décrire. Le mal

4

allait toujours en augmentant, et avait pour lors un caractère insolite : ce n'était pas une pneumonie, car il man-
quait les symptômes essentiels qui la caractérisent ; on
aurait dit que c'était un catarrhe général accompagné de
diathèse suppurative ; mais encore, dans ce cas, il man-
quait les principaux symptômes propres à la caractériser.

Le malade ayant perdu deux mulets atteints de
morve bien constatée, et les ayant soignés lui-même
exclusivement, pendant deux ou trois mois, il nous vint
dans la pensée qu'il pouvait avoir pris la maladie, et
que les symptômes que nous venions d'observer chez lui
n'étaient autres que les symptômes d'une morve chronique, affection qui, depuis quelques années, est devenue
très-commune et s'acquiert facilement par contagion.
Ce diagnostic établi, nous traitâmes le malade par les
toniques, tels que le quinquina, le fer, l'iode ; nous
cautérisâmes avec le nitrate d'argent les ulcérations de
l'arrière-gorge et des narines, et fîmes des applications
toniques sur les tumeurs des extrémités, les ouvrant
ensuite et les cautérisant. Il est inutile de dire que nous
prescrivîmes la plus grande propreté et les plus grandes
précautions dans les pansements et les soins à donner
au malade.

Cette maladie étant nouvelle pour nous et nous inté-
ressant beaucoup, nous eûmes des soins tout particuliers
pour le malade. Le traitement fut suivi avec énergie et
méthode, et au bout de trois mois, nous avions chez
notre malade une amélioration de nature à faire es-

pérer une guérison complète. Les plaies venues à la suite des tumeurs s'étaient cicatrisées, l'arrière-gorge et les narines étaient guéries, le malade avait pris un peu de force et se levait déjà de son lit; cependant il conservait toujours une toux sèche et caverneuse, et continuait à ressentir de la douleur sur le côté gauche de la poitrine.

Le malade passa quelque temps dans cet état, mais la toux ayant augmenté, il eut une forte hémoptysie qui manqua de le foudroyer. Dans cette circonstance, feu le professeur Serre, de Montpellier, fut appelé en consultation. Lui aussi, d'après l'exposition que nous lui fîmes de la maladie, fut d'avis que, malgré les symptômes pneumoniques, le malade pouvait bien être sous l'influence d'une affection morveuse. L'hémoptysie fut traitée avec tous les moyens de l'art, mais nous ne nous départîmes presque jamais des toniques. Au printemps, le malade se trouvait un peu mieux, cependant il avait toujours de la toux, crachait beaucoup, et suait assez la nuit; la maladie avait alors pris le caractère de la phthisie pulmonaire : le poumon gauche était hépatisé en grande partie, il était imperméable à l'air et du râle sous-crépitant se faisait sentir sur certains points. Dans le mois de juillet, malgré la faiblesse du malade, nous nous décidâmes à l'envoyer à Fonchange. En effet, il s'y fit transporter et sous nos yeux il commença de prendre des bains et de boire les eaux. Les premiers bains l'avaient un peu fatigué, mais peu à peu il s'y habitua, et put les continuer ; vers le dixième jour il commença de se trouver mieux, et au bout d'un mois, il s'était opéré chez lui un changement si favorable qu'il surprit tout le monde. La fièvre avait totalement disparu, la toux avait diminué ainsi que les crachats, il n'avait plus de sueur, il se sentait plus fort, et avait repris une partie de sa gaîté. Il resta encore un mois aux bains et rentra chez lui dans un état très-satisfaisant, vaquant à ses affaires et reprenant les fonctions de maire. L'automne fut assez bonne ainsi que l'hiver ; mais au printemps, ayant eu une nouvelle hémoptysie, la phthisie reparut et il mourut au bout de deux mois.

MALADIES DES ORGANES GASTRO-INTESTINAUX.

OBSERVATION XVI.

Gastrite chronique : traitement ordinaire, état stationnaire.—
Eaux de Fonchange, guérison.

M. N.., de la commune de Saint-Théodorite, canton de Quissac, département du Gard, âgé de 35 ans, d'un tempérament lymphatico-nerveux, de constitution assez bonne, était atteint depuis quelques années de gastrite chronique, qui, malgré les moyens les plus rationnels et les mieux suivis, résistait toujours et même allait en empirant. Ayant su par la suite que le malade, dans sa première enfance, avait eu une dartre à la jambe, et

que quelquefois au printemps il était sujet à des éruptions passagères , nous pensâmes que l'indisposition
dont il était affecté pouvait bien être sous la dépendance
d'un vice dartreux, et que les eaux thermo–minérales
hydrosulfureuses de Fonchange pouvaient être un puis-
sant moyen de guérison. Le malade , d'après notre
conseil , se rendit à Fonchange dans le mois de juillet
1846. Il commença de boire les eaux en petite quantité
adoucies avec du sirop de gomme, en augmenta insensiblement la dose, sans jamais dépasser celle de six
verres par jour ; il prit aussi un bain chaque jour. Quinze
jours ne s'étaient pas écoulés que le malade se trouva
beaucoup mieux, et au bout d'un mois , il partit des
bains complètement guéri. Nous l'engageâmes à suivre
encore pendant quelque temps un régime léger, ce qu'il
fit avec beaucoup de constance et dont il se trouva
très–bien.

OBSERVATION XVII.

Hépatite chronique : moyens ordinaires . insuccès. — Eaux
de Fonchange, guérison.

Madame Ant. Prade , de Quissac (Gard) , âgée de 35
ans, d'un tempérament lymphatico-sanguin, d'une forte
constitution , portait depuis nombre d'années une affection au foie ayant tout les caractères d'une hépatite,
et qui prenait de temps en temps une forme aiguë,
passant ensuite à l'état chronique. Les saignées géné-

rales , les sangsues à l'anus et à la région du foie , les
purgatifs, les fondants, les exutoires et un régime convenable avaient été employés tour à tour d'une manière
soutenue et à différentes reprises , mais toujours avec
peu de réussite. Les antiphlogistiques amenaient une
certaine rémission de la maladie dans l'état aigu , mais
ils n'empêchaient pas qu'elle ne persistât dans l'état
chronique. La malade , en proie à une douleur presque
continuelle, dépérissait à vue d'œil ; elle était déjà dans
l'état de marasme , quand il nous vint à l'idée de lui
faire prendre les eaux de Fonchange. On la transporta
aux bains dans le mois de juin de l'année 1843. Elle
commença de boire les eaux en petite quantité, et son
estomac les supportant très-bien , elle put en augmenter
la dose insensiblement et la porter à quinze ou vingt
verres par jour ; elle prit aussi un bain d'une heure chaque jour. A peine eut-elle passé quelques jours à Fonchange, qu'elle se sentit beaucoup mieux, et son état
s'étant toujours amélioré, sa guérison fut complète
au bout de quarante-cinq jours. La douleur et l'hépatisation du foie avaient totalement disparu ; elle put aller
chez elle à pied , se remettre à ses occupations ordinaires , et n'eut plus de crises. Malgré cela, de crainte
d'être affectée de nouveau de son mal , et par reconnaissance, elle a continué d'aller à Fonchange plusieurs
années de suite , pendant la saison des bains.

Cette observation est des plus concluantes. La guérison de Madame Prade étonna tout le monde , et moi
plus que tout autre.

Observation XVIII.

*Hépatite chronique : moyens ordinaires ; soulagement précaire.
— Eaux de Fonchange, guérison.*

Madame Hyssert, de la commune de Cannes, canton de Quissac (Gard), âgée de 60 ans, d'un tempérament sanguin nerveux, d'une forte constitution, était affectée, sur l'hypochondre droit, de douleurs très-aiguës qui se renouvelaient trois ou quatre fois par an, et la faisaient souffrir horriblement. Elle souffrait ordinairement d'une manière presque continuelle, mais par fois, elle avait des crises très-violentes. La douleur lui arrivait quelquefois comme un coup de foudre, elle augmentait tellement que, pendant quelques heures après, il lui était impossible de faire le moindre mouvement. Le foie devenait très-volumineux, tout l'hypochondre droit se gonflait et était très-sensible au moindre attouchement. Nous avions toujours cru que l'affection de cette dame était sous la dépendance de calculs biliaires, et que l'inflammation qui semblait survenir n'était autre que symptomatique. Malgré cela, nous mettions en pratique les plus forts antiphlogistiques, et y adjoignions les bains généraux et les calmants. Ordinairement, ces crises duraient de trente-six à quarante-huit heures, et laissaient la patiente malade pendant des mois entiers. Après les crises, nous faisions prendre tout aussi longtemps à la malade le bicarbonate de soude, et la purgions de temps en

temps; cela ne la guérissant pas, nous eûmes recours
aux eaux de Vichy et à celles de Vathz; mais celles-ci
ne produisant pas non plus l'effet que nous en attendions,
nous nous décidâmes à la faire aller à Fonchange. Ce
fut dans l'été 1846 qu'elle vint à Fonchange; elle but
beaucoup d'eau minérale et prit une quarantaine de
bains. Quoique, en quittant Fonchange, elle ressentît
encore de la douleur, et que le foie fût toujours hépatisé, elle se sentait tellement bien qu'elle se crut complètement guérie. Elle passa ensuite une année entière
sans avoir de crises, mais l'année suivante elle eut de
nouvelles atteintes, que nous avons pu guérir d'une manière presque complète en lui faisant boire les eaux
hydrosulfureuses minérales de Fonchange chez elle. Ce
qui est remarquable dans cette observation, c'est que,
toutes les fois que la malade a pris les eaux de Fonchange, elle a été soulagée.

OBSERVATION XIX.

*Métrite chronique avec ulcérations à l'orifice de la matrice
et métrorrhagie : traitement énergique et soutenu ; aggravation de la maladie. — Bains et Eaux de Fonchange, guérison complète.*

Madame N., de Quissac (Gard), âgée de 40 ans,
institutrice, d'un tempérament nervoso-sanguin, de
constitution assez bonne, portait depuis bien des années

une leucorrhée assez abondante, accompagnée de temps à autre d'hémorrhagie assez inquiétante. Cet état étant devenu presque habituel chez elle, elle n'y fit que bien peu d'attention. Dans l'année 1842, elle eut une hémorrhagie des plus intenses, que rien n'aurait pu arrêter si l'on n'avait employé le tamponnement et les astringents donnés à large dose. L'hémorrhagie arrêtée, nous observâmes l'orifice de la matrice au moyen du speculum, et le trouvâmes ulcéré en grande partie. Nous aurions voulu tout de suite cautériser ces ulcères avec le nitrate d'argent, mais comme la malade était extrêmement irritable, craignant de trop la surexciter, nous donnâmes la préférence à la poudre de sulfate d'alumine. A cet effet, nous saupoudrâmes un petit tampon de charpie avec de la poudre de sulfate d'alumine, le laissâmes en place sur la partie ulcérée, et renouvelâmes chaque jour le pansement; ce qui ne produisit pas tout l'effet que nous en attendions : l'ulcération persistait, l'hémorrhagie se renouvelait de temps en temps, la matrice demeurait toujours volumineuse et était le siége d'une douleur profonde, lancinante et continuelle. Malgré la surexcitation de la malade, le sulfate d'alumine ne réussissant pas, nous cautérisâmes de temps à autre l'ulcération avec le nitrate d'argent, nous plaçâmes deux moxas sur le pubis, nous fîmes prendre à l'intérieur la tisane de salsepareille et de cresson, enfin nous ordonnâmes des bains gélatineux et un régime en rapport avec l'état de la malade. Tous ces moyens, employés avec assez de constance ne produisirent aucun soulagement ; nous avions à craindre que la maladie ne dégénérât en une affection squirrheuse, d'autant plus que la malade, dans le temps, avait été opérée par Delpech d'une maladie au sein qu'on supposait de cette nature.

Nous étions dans l'été ; la malade, à cette époque, était dans un état désespérant : elle souffrait toujours d'élancements à la matrice, continuait de perdre en rouge et en blanc, était d'une maigreur extrême, et commençait même d'avoir de la toux. Dans cet état de choses, ayant toujours quelque idée que cette maladie pouvait être sous la dépendance d'une diathèse dartreuse, nous proposâmes à la malade d'aller à Fonchange pour prendre des bains et boire les eaux. Étant alitée depuis trois mois, elle dût se faire porter à Fonchange dans une voiture et presque couchée. Chaque jour on lui portait son bain dans sa chambre ; elle commença de prendre l'eau minérale à la dose d'un verre le premier jour, et son estomac ne s'y refusant pas, elle put augmenter la dose insensiblement et la porter à huit ou dix verres par jour. Pendant tout le temps qu'elle resta aux bains, elle fit, deux fois par jour, des injections de matrice avec l'eau de Fonchange.

Il nous serait impossible de dire l'effet surprenant qu'opérèrent les eaux chez notre malade ; il faudrait l'avoir vue quand elle alla aux bains, pour s'en faire une idée. Sous l'influence des eaux thermo-minérales hydrosulfureuses de Fonchange, les ulcérations se cicatrisèrent dans très-peu de temps, les pertes disparurent ainsi que les douleurs, le volume de la matrice diminua, l'appétit revint, les forces parurent, et surtout le contentement. La malade, au bout de quarante jours se rendit toute seule chez elle, et avec autant d'aisance, que si elle n'eût jamais été malade. Cette cure est une des plus surprenantes que nous ayons vu s'opérer à Fonchange. La malade a continué de jouir d'une bonne santé, et sa maladie n'a plus reparu.

Bons effets des Eaux minérales hydrosulfureuses de Fonchange employées loin de la source.

OBSERVATION XX.

Dartre pustuleuse chronique (phlycténoïde) à l'anus, au périnée et aux parties sexuelles : moyens ordinaires; insuccès.— Eaux de Fonchange employées loin de la source, guérison.

Monsieur N., de la commune de Quissac, propriétaire, âgé de 40 ans, d'un tempérament sanguin, d'une forte constitution, souffrait depuis quelques années d'une affection dartreuse à l'anus, au périnée et aux parties sexuelles, surtout dans les saisons du printemps et de l'hiver. Une pudeur mal entendue l'avait toujours fait garder son mal, sans demander de conseil à l'homme de l'art. La dartre ayant pris plus d'extension et les souffrances ayant beaucoup augmenté, il se décida enfin à venir nous trouver et à nous faire part de son infirmité.

De l'anus à tout le derme des bourses, ce n'était qu'une suite de petits boutons, rouges à leur pointe, et qui laissaient suinter une sérosité tellement âcre qu'elle irritait les parties et occasionnait au malade une démangeaison insupportable. **M. N...**, quoiqu'il n'eût consulté aucun médecin, avait déjà fait quelques petits remèdes, il avait surtout pris beaucoup de bains, et s'étant aperçu que les bains froids le soulageaient plus que les chauds, il avait fini par s'en tenir aux premiers; de plus, il se lotionnait les parties plusieurs fois par jour avec de l'eau froide. Ces bains et ces lotions l'avaient tellement soulagé, qu'il crut avoir trouvé le remède radical pour se guérir; mais à la longue ce moyen avait fini par ne plus diminuer son mal, et ses souffrances avaient repris leur train ordinaire.

Nous cherchâmes à reconnaître la cause de l'affection du malade, mais nous ne pûmes savoir autre chose sinon que, étant enfant, il avait eu la gale, et que son père avait été aussi sujet à quelques éruptions cutanées.

Ayant donc constaté chez notre malade une affection dartreuse de nature *phlycténoïde,* nous prescrivîmes un traitement général et local. Nous purgeâmes d'abord **M. N...** avec trois pilules d'Anderson, nous lui ordonnâmes la tisane de salsepareille, de douce-amère et de cresson, nous lui fîmes faire sur les parties affectées des applications d'abord émollientes, ensuite dessicatives, et prescrivîmes un régime léger et le repos. Ce traitement, continué pendant plus d'un mois, ne produisit qu'un bien faible soulagement.

Ayant essayé quelquefois, dans de pareilles circonstances, avec avantage les eaux de Fonchange, même loin de la source, nous pensâmes de les ordonner au malade. Celui-ci en fit chercher une trentaine de bouteilles, et en but un litre par jour pendant un mois, se lotionna trois ou quatre fois par jour avec les mêmes eaux, et appliqua sur les parties, pendant la nuit, les boues de Fonchange en guise de cataplasme. Dès les premiers jours, le malade se trouva mieux, et au bout d'un mois, la guérison était presque complète ; il continua encore pendant une quinzaine de jours à se lotioner les parties, et se vit à la fin débarrassé de son mal. Comme nous étions dans l'hiver, de crainte que la suppression de la dartre n'occasionnât au malade quelque irritation *métastatique*, nous le purgeâmes à différentes reprises et lui appliquâmes un vésicatoire au bras.

Quoique la dartre ne reparût pas au printemps, dans l'été de la même année 1849, nous lui fîmes prendre des bains et boire les eaux à la source même. Nous l'avons vu ensuite maintes fois, et nous savons que sa maladie n'a plus reparu.

OBSERVATION XXI.

Dartre squameuse (eczéma) sur la partie gauche de la poitrine, s'étendant à l'aisselle et la partie supérieure du bras du même côté : moyens ordinaires; soulagements passagers. — Eaux de Fonchange employées loin de la source, guérison.

Monsieur N., de la commune de Saint-Théodorite, canton de Quissac, département du Gard, âgé de 35 ans, d'un tempérament sanguin bilieux, d'une forte constitution, portait depuis nombre d'années une dartre squameuse (eczéma) sur la partie supérieure du côté gauche de la poitrine, s'étendant à l'aisselle et à la partie supérieure du même côté. La maladie, au dire du sujet, datait de quelques années, et comme elle avait marché assez lentement, il n'y avait qu'une année qu'il se sentit incommodé; alors il crut devoir consulter un médecin.

Comme nous allions souvent dans son pays pour voir des malades, il nous fit appeler et nous fit part de sa maladie. Nous le visitâmes attentivement et constatâmes qu'il avait un eczéma des mieux caractérisés. La peau était rouge, hypertrophiée et irritée sous la dartre; le malade souffrait d'une démangeaison telle qu'il ne pouvait, le plus souvent, dormir la nuit. Comme il était fort et vigoureux, nous lui fîmes une saignée, le purgeâmes à deux jours de distance, et lui prescrivîmes

la tisane de douce–amère et de racines de bardane
adoucie avec le sirop de salsepareille, à la dose d'un
verre chaque matin et pendant un mois. Localement,
nous lui fîmes faire des lotions avec une solution composée de :

Sublimé corrosif............ 15 centigr.

Oxyde de cuivre............ 15 »

Eau distillée .... 1 kilogr.

et le fîmes frictionner matin et soir avec une pommade
composée de :

Oxyde de zinc............ 2 gram.

Laudanum de Rousseau..... 2 »

Axonge................. 30 »

Sous l'action de ce traitement, qui avait déjà duré plus
d'un mois, le malade se sentit mieux, mais ayant
discontinué les remèdes, il redevint comme auparavant.
Nous étions dans l'hiver 1850, quand le malade nous
fit appeler de nouveau ; il souffrait beaucoup et désirait
se guérir. Les eaux de Fonchange nous ayant fourni
de nouveaux résultats, nous nous décidâmes à les
prescrire au malade, quoique nous trouvant dans une
saison rigoureuse. Nous le purgeâmes d'abord, lui fîmes
boire trois ou quatre verres d'eau de Fonchange chaque
jour, lui fîmes lotionner la partie affectée plusieurs fois
par jour avec la même eau, et lui fîmes appliquer les
boues, la nuit, en guise de cataplasme. La dartre resta
stationnaire pendant quelque temps, mais au bout d'un
mois le malade se trouva mieux ; il suspendit les eaux

minérales en boisson, et continua les lotions et les
boues ; au printemps il était complètement guéri. Dans
l'été il vint à Fonchange, but les eaux et prit les bains
pendant dix à quinze jours. Nous l'avons vu jusqu'au
mois de janvier 1852, et nous ne sachons pas que
jusqu'alors il ait eu aucune recrudescence.

OBSERVATION XXII.

*Catarrhe pulmonaire chronique : moyens ordinaires ; état
stationnaire. — Eaux de Fonchange, guérison.*

Monsieur N., de Quissac, chevalier de la Légion
d'Honneur, âgé de 65 ans, d'un tempérament bilieux
sanguin, d'une forte constitution, sujet aux catarrhes pulmonaires, fut atteint, dans l'année 1850, d'une bronchite qui, par sa ténacité et sa longueur, le fit souffrir
plus que de coutume. Cette bronchite, qui avait pris un
caractère chronique, avait déjà duré une partie de l'hiver
et persistait encore au printemps. Les saignées générales
et locales, les purgatifs, les antimonieux, les pectoraux
de toute espèce, les exutoires et un régime convenable
avaient été employés longuement, avec ordre et constance, mais ne produisaient que de faibles résultats.
Si un jour il lui venait dans l'idée de sortir un instant,
il était sûr ensuite de devoir rester une quinzaine de
jours dans la maison. La ténacité et la largeur de la
bronchite de notre malade nous avaient fait penser à
lui faire prendre les eaux de Fonchange, même dans

l'hiver; mais le malade n'étant pas de cet avis, nous dûmes y renoncer. Le malade traîna jusqu'au mois de mars, toussant, crachant beaucoup, et ayant un peu de fièvre la nuit. Fatigué de cet état, il se décida à prendre les eaux de Fonchange. Il commença par un ou deux verres par jour, adoucis avec du sirop de gomme, et arriva insensiblement jusqu'à un litre par jour. Sous l'action des eaux de Fonchange, il se trouva beaucoup mieux, la toux diminua ainsi que l'expectoration, et le peu de fièvre qu'il avait dans la nuit disparut. L'appétit, ainsi que les forces, revinrent, et dans le mois d'avril il était complètement rétabli. Il nous avait promis qu'il se rendrait à Fonchange dans l'été, mais ses occupations ne le lui ayant pas permis, il prit les eaux minérales chez lui et s'en trouva très-bien.

OBSERVATION XXIII.

Catarrhe pulmonaire chronique venu à la suite d'une pneumonie : moyens ordinaires ; état stationnaire. — Eaux de Fonchange prises loin de la source, guérison.

M. l'abbé Michel, curé de la commune de Corconne, canton de Quissac, département du Gard, âgé de 45 ans, d'un tempérament sanguin nerveux, d'une faible constitution, était sujet presque chaque hiver, depuis quelques années, à une pneumonie. Dans l'automne de l'année 1849, nous le vîmes une première fois et le soignâmes pour une pleurésie, qui, étant très-légère,

céda aux moyens ordinaires avec la plus grande facilité ;
mais, dans l'hiver de la même année, il eut une nouvelle
rechute. Une pneumonie suraiguë très-intense se pré-
senta chez lui, et manqua de le conduire au tombeau.
Il dut garder la chambre au moins deux mois, et rester dans son lit une quarantaine de jours. La maladie prit
par la suite une forme chronique, et malgré les moyens
les plus rationnels, elle restait toujours dans l'état stationnaire. Nous étions au commencement du printemps,
quand nous nous décidâmes à lui faire prendre les eaux de
Fonchange chez lui. Il en prit deux ou trois verres par
jour, mitigés avec du lait, et pendant une quinzaine.
Les eaux minérales lui donnèrent de l'appétit, lui cal-
mèrent la toux ; les forces revinrent peu à peu, et dans
le mois de mai il put aisément reprendre ses habitudes
ordinaires et desservir son église.

RÉFLEXIONS.

Les observations que nous venons de rapporter, et
qui ont trait aux eaux thermo-minérales hydrosulfureuses
de Fonchange, employées à la source même, sont presque toutes puisées dans notre pratique et appartiennent
à nos malades ; on les trouvera peut-être trop longues.
En leur donnant ce développement, nous avons cru
qu'elles seraient plus précises et plus concluantes.

Nos expériences sur les mêmes eaux employées loin
de la source, datent seulement de quelques années.

Malgré cela, quoique nous n'en rapportions que quelques cas, nous avons pu recueillir un nombre d'observations suffisant pour pouvoir constater leur efficacité.

Nous regrettons grandement d'avoir dû nous éloigner du pays et du voisinage de Fonchange. Cette absence nous a empêché de continuer la série de nos études sur ces eaux prises loin de la source ; mais, quoique éloigné, nous ne désespérons pas de pouvoir les continuer. Nos confrères des départements du Gard et de l'Hérault, surtout M. Blouquier, médecin-inspecteur des bains, voudront bien venir à notre aide, et compléteront les expériences que nous avions commencées et que nous avons dû momentanément suspendre. Par leurs observations nombreuses et exactes ils seront amenés à constater, comme nous, que les eaux thermo—minérales hydrosulfureuses de Fonchange, outre leur action salutaire incontestable lorsqu'elles sont prises à la source, en ont aussi une bien puissante quand elles sont employées à distance de la source.

RÉSUMÉ.

De tout ce que nous venons de dire sur les Eaux thermo-minérales hydrosulfureuses de Fonchange, des observations que nous venons de rapporter, lesquelles sont toutes puisées dans notre pratique et que nous donnons pour véridiques, il découle que :

1° Les Eaux de Fonchange sont un peu thermales, minérales, alcalines et hydrosulfureuses ;

2° Elles sont assez abondantes, peuvent donner de 60 à 80 bains par jour, et sont susceptibles d'en fournir jusqu'à 2 ou 300 ;

3° Elles peuvent être employées en bains, en lotions, en douches, en vapeur et en boues, et être prises en boisson, toutes pures ou mitigées, à la source et loin de la source ;

4° Tout le monde peut en faire usage généralement, pourvu qu'elles soient prises avec modération et méthode ;

5° Elles offrent la particularité d'être intermittentes dans leur écoulement ;

6° Elles possèdent un Établissement assez agréable, commode, suffisamment vaste, et susceptible d'être agrandi ;

7° Elles sont d'un facile abord, près des grandes routes, en communication fréquente avec les petites villes de Quissac et Sauve, et peu éloignées des villes de Nîmes, Montpellier, Le Vigan et Alais ;

8° Elles voient augmenter de jour en jour le nombre des baigneurs, bien qu'elles ne soient pas encore connues comme elles le devraient ;

9° Elles ont une action salutaire contre les maladies de la peau de tout genre :

10° Contre les affections érythémoïdes et érysipélateuses;

11° Contre les catarrhes chroniques des organes de la voix et de la respiration ;

12° Contre certaines maladies chroniques des organes de l'abdomen (foie, rate, mésentère) ;

13° Contre les inflammations chroniques des organes gastro-intestinaux et génito-urinaires.

14° Contre la leucorrhée, les pâles couleurs, l'anémie, la cachexie ;

15° Contre certaines plaies chroniques, et surtout contre les engorgements et la raideur des membres, venus à la suite d'une fracture ou d'une luxation ;

16° Elles peuvent enfin être employées avec le plus grand avantage loin de la source, contre les affections dartreuses et contre bien d'autres maladies.

Quelque imparfait que soit notre travail sur les Eaux thermo-minérales hydrosulfureuses de Fonchange, nous croyons avoir rempli un devoir en le publiant. Heureux s'il offre quelque intérêt à ceux qui le liront ! Plus heureux encore, si nous parvenions à attirer sur ces Eaux l'attention de nos confrères, et si notre exemple les engageait dans une voie d'études plus sérieuses, plus utiles et plus méritoires que les nôtres !

FIN.

TABLE DES MATIÈRES.

OBSERVATIONS.

—

FIN DE LA TABLE DES MATIÈRES

218